U0243854

让房间更美的干花花艺

日本诚文堂新光社 编著

裴丽　陈新平　译

化学工业出版社

·北京·

Prologue
序言

酝酿出梦幻及怀旧风味的干花。

经历时间变化的温和色调，带来与新鲜植物完全不同的

感觉。

置身于复古风氛围中，将干花作为房间装饰的一部分，增

添室内的格调及温馨氛围，或者多点小情调，丰富室内

设计的元素。

本书向花艺爱好者们介绍了各种个性丰富的干花设计方案。

有造型简单的，也有充满创意的，或许能够让您重新认

识干花，并从中发现各种乐趣。

时间使植物变得干燥，

成就格调作品。

品味化腐朽为神奇之美，

如同珍爱的古董般，

每天对其精细呵护也会乐在其中。

枯萎并不是终点，

而是另一种美的起点。

从形式不同的艺术作品中发现喜欢的创意，

作为自己设计的参考。

目 录

Contents

1

干花的基础

　　干花是指花或植物经过干燥后的状态。感受温馨的自然风情及怀旧色调，给房间带来独特的装饰效果。喜欢的花或别人送的花，想要长久存留这份芬芳时，不妨制作成干花。干燥处理后，可以欣赏到与鲜花完全不同的花草氛围。

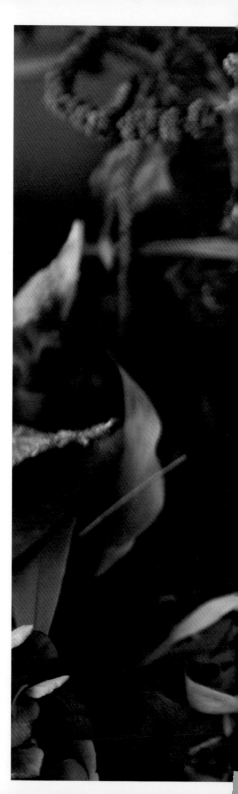

干花的制作方法

　　通风良好且无阳光直射的场所吊起鲜花，使其缓慢干燥较为理想，还可以预防霉菌及虫害。干燥之前，平均需要花费1～2周时间。比起其他时期，空气干燥的季节（秋冬）更容易干燥。不只是环境，花草的类型也会产生影响，需要根据具体状况判断干燥周期。花、叶子最美丽、新鲜时，尽可能在较短时期内使其干燥，成品后颜色及形状最佳。

保存时的
注意点

　　制作干花装饰，应尽可能避免阳光直射或湿气较多的场所。如果阳光直射，可能导致提早褪色。此外，水分也是天敌，可能产生霉菌，进而腐败。梅雨及夏季等湿气多的季节，干花会吸收空气中的水分，进而变软。如果装饰于通风良好的场所，还能预防走形及霉菌。长时间放置会存积灰尘，可抹去或吹掉灰尘，小心处理。灰尘也会吸收湿气，平日的打理很重要。所以，充分注意环境是干花长久维持的关键。

干花装饰
工具

从花草干燥的过程，至制作成干花作品，介绍各种所需工具。

1 竹筛子

不只有吊起干燥的方法，放在竹筛子上干燥的方法也很方便，推荐使用。

2 木工胶水

黏结作业中使用，方便用于紧固加强时。

3 橡皮筋

束紧花束时不可缺少的橡皮筋，调节枝叶长度等隐藏部分非常适用。

4 花艺铁丝

优点在于能够剪成所需长度。纤细、柔软的铁丝，可以选择颜色及质感。

5 花艺胶带

稍稍含蜡，拉伸后会有黏结力。缠绕于铁丝，起到加固作用。

6 粗铁丝

剪成规定尺寸的铁丝。大小、颜色可选，用于需要加固或保持形状时。

7 热熔胶枪和胶条

用于熔解条状的树脂胶条后黏结的工具。胶枪温度高，注意避免烫伤。

8 园艺剪刀

鲜花用剪刀。修剪粗茎的干花及花枝部分时，专用剪刀更实用。

9 剪刀

修剪纤细花草时，普通剪刀更高效。

使用干燥剂加速干燥

—

　　放在点心、鞋盒中的干燥剂袋，里面装的就是"氧化硅胶"，使用这种氧化硅胶，干燥过程更轻松，制作干花更简单。使用方法简单，只需将氧化硅胶和鲜花放入密封容器中。先将氧化硅胶放入容器中，上方放入鲜花材料。接着，继续补充氧化硅胶，直至盖住鲜花，并盖紧盖子以防空气进入。放置1～2周，等待花中的水分吸走后变成干花。鲜花完全埋入氧化硅胶中，能够提早且漂亮地形成干花状态。

　　使用后的氧化硅胶放入微波炉加热后水分散失，可以重复使用。从建材中心或网上均可购得，不必为了干花处理所需空间而烦恼。

Contents

2

干花的
装饰方法

　　花草的造型设计有许多方法，塞、
吊、插、捆等。不用浇水就能起到装饰
效果的干花，比鲜花用途更广泛。温馨
的环境中加入色调及鲜艳感，可演绎出
奇妙效果。

怀旧感的瓶子、
木盒及盘子等，
自己喜欢的容器及餐具中，
都可以装饰各种干花，
使花草成为家中精品。
相互衬托的干花和容器，
美感倍增。

极具形式感的一朵干花，

就像普通物品一样随意摆放，

不刻意的个性装饰。

干燥的植物不需要浇水，

随心装饰也是其趣味所在。

将自己的感性赋予各种设计之中。

干花轻轻放在架子上，成为日常工具的小小点缀，

看到充满魅力的花朵，内心也得到放松。

花草装饰并不是寻求特别，

而是令生活更贴近自然，达到感觉与环境的契合。

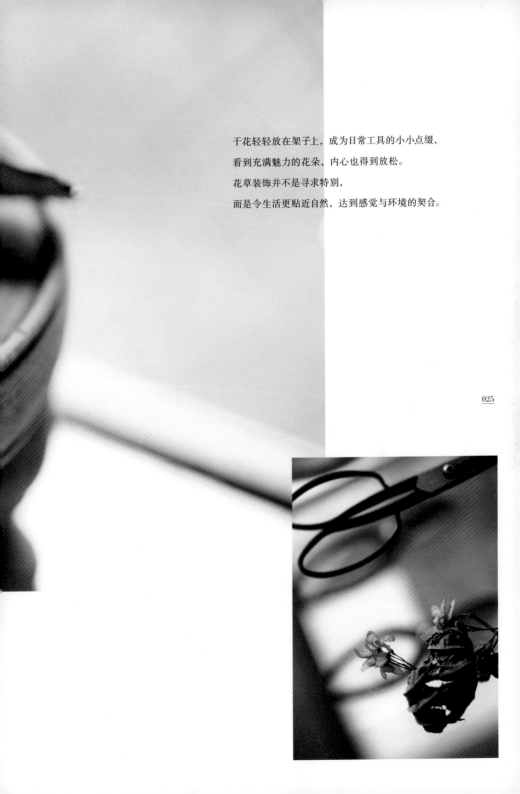

Fill a ...

塞

　　玻璃或纯铜的盒子，异国风情、怀旧风或造型可爱。木盒更显古朴及高级质感，根据塞入植物的不同，作品印象也会变化多端。塞入植物，成为空间的艺术品。如同在画布上绘画般，在容器中塞满干花装饰。

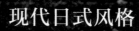

现代日式风格

放入木盒中，日式格调的作品。使用青茄、
倒地铃等造型特殊的植物，塑造出现代感。

[基本的制作方法]

　　将植物塞进盒子或瓶子时，窍门是从尺寸较大的开始塞。

　　黄色的青葙等颜色鲜艳且尺寸大的植物最适合摆出造型，协调摆放即可，再用剩下的小植物填充间隙。

Point

- 容器的材质是印象关键。
- 尺寸及颜色等成为装饰重点。
- 填充间隙。

Materials

· 木盒
· 青葙
· 倒地铃
· 溲疏

01/

均匀布置青葙。图中的木盒中铺了纸，也可以不用。

02/

倒地铃仅使用果实和藤蔓。溲疏则将每片叶子撕开。

03/

用叶子填补青葙之间的空隙，将木盒底部完全隐藏，铺上溲疏的叶子。

04/

叶子重合几层铺设。填充出立体感，也能承托青葙。

05/

倒地铃等摆动的植物或纤细轻巧的植物最后放上。

06/

将藤蔓的端部埋入植物的间隙，固定后将整体调节均匀即可。

— check! —

紧密塞入才会更加均衡！

塞入干花时，留意颜色及形状是关键，塞入数量也要合理估计。体积大的植物先摆放，纤细的植物最后，并且将植物固定在一起，塞满间隙。通过相互之间的压力固定，还能起到保持成品形状的作用。

简单

塞入玻璃容器的各种花，改变角度，变换出各种表情。

为了从每个角度看都有装饰效果，需要有意识地塞入填充。

玻璃容器中，从底层开始堆放填充，逐层摆放花及果实。此时，为了避免花走形，从较重的植物开始填充，保持整体均匀。摆放时花的正面朝向外侧，外观显得更漂亮。

收齐叶子

　　纯铜盒子中整齐摆放的黄栌叶，作为特殊日子的礼物，充满真挚心意。相同形状的叶子，充满内涵及个性

Materials

· 纯铜盒子
· 铁丝
· 黄栌叶

　　从黄栌的树枝上将叶子一片片摘下，选取叶形漂亮的几片，竖直排列重叠，再用铁丝穿起来，小心塞入盒子中。叶子大小对齐，显得纤细。叶子需要对齐盒子的大小，应事先通过盒子外形确认。

Arrange

　　摆放在怀旧的器皿中，更显色调简洁印象。

纯洁印象

为了一同放入盒子内的肥皂更显珍贵，用纯洁的色调搭配装饰。利用绣球花的独特外形，增添设计中的个性及变化。

Materials

· 盒子
· 肥皂
· 绣球花
· 鸡麻的果实

将绣球花逐个剪下，在不损坏花形的状态下放入盒子中填满间隙。鸡麻的果实塞入绣球花铺成的底座中，稍加装饰。对应盒子大小，将花修剪成合适高度，整体均匀且有层次感。

小小森林

玻璃瓶中演绎的小森林。犹如不知哪里
的异国风情被片段保留般的奇妙感觉，勾出童
年冒险心。

Materials

· 玻璃瓶
· 软木塞
· 铁丝
· 植物断片（使用喜欢的植物）

制作细铁丝穿入植物断片构成的零件和玻璃中
铺设的底座，再将零件黏结于底座。此时，想象着在
玻璃瓶中制作景色，均匀布置。完成后，轻轻放入玻
璃瓶中，用软木塞盖住。

塞入瓶子

色彩鲜艳的绣球花、青葙、蓝刺头、千日红塞入玻璃瓶中的摆设。

粉色及蓝色等鲜艳彩色从透明的玻璃瓶中映射出来，简直就像鲜花般充满活力。

Materials

· 玻璃瓶（大）　　· 千日红
· 绣球花
· 青葙
· 蓝刺头

仅将花头放入玻璃瓶中（绣球花30枝、青葙50枝、蓝刺头20枝、千日红30枝）。使用生色效果好的花，用鲜艳的颜色制作出耀眼作品。需要塞入多种花，所以选择重合塞入不会走形的花材。

搭配烛台

烛台的烛光和干花，充满温馨的氛围。花朵和古朴的铁盒搭配，酝酿出古雅氛围。

Materials

·烛台	·水杉的果实
·铁盒	·北美枫香
·绣球花	·千日红
·小兰刺头	

将烛台放入铁盒中，四周塞满绣球花及果实等固定。上方用喜欢的干花装饰，轻松完成。铁盒下半部分看不见，可以填充果实和容易获取的植物。干花应比容器或烛台塞入位置更低，以免引燃。

盒子中堆满秋色

黄色、橙色等暖色系的果实及花朵汇集于盒子中。极具个性的各种植物，排列出丰富视觉效果，表现艺术感的世界观。

Materials

· 盒子
· 秋葵
· 玫瑰
· 莲子
· 蜡菊
· 桉树果
· 鸡冠花
· 土茯苓

How to

01/

对应盒子高度，准备各种植物。铺上植物直至
看不见底，填满间隙。

02/

秋葵、莲蓬、玫瑰等体积较大的植物依次排列，
观察整体布局，将各种植物塞入合适位置。

03/

布置完成至一定程度后，用桉树果等小植物填
充间隙。

04/

最后，植物少的部分将下方铺设的植物稍稍上
翻，形成充实感。

浪漫的

映照在玻璃上的玫瑰层和旁边随意摆放的玫瑰，给人浪漫印象。玻璃器皿及淳朴怀旧的水果砧板，搭配浪漫的玫瑰花，就有了恰到好处的优雅

How to

01

将玫瑰香料放入果酱瓶中，塞满瓶子的一半高度。

02

上方放入玫瑰，紧紧塞入。花头朝向外侧，看清花的表情。

03

最上方塞入玫瑰瓣及百花香料，填充间隙。

04

放入密实程度的量，用水果砧板压实后盖紧。

05

压紧果酱瓶，与水果砧板一起颠倒过来。

06

将瓶子从水果砧板上滑移下来，调整好位置，空开的间隙补充玫瑰。

Hanging

吊

吊起装饰，墙壁、窗户、门等以前无法摆放植物的空间也能别具一格。利用了空间的设计，使家居装饰元素更加丰富。将感受季节的花卉材料自然加入家居装饰中，或者在阳光射入的窗边吊起瓶子，用途广泛。

随意装饰的叶子

将各种季节感的叶子或颜色漂亮的叶子
随意组合。叶子的表情及大小等赋予动感及
个性，将无法复制的"当下"长久保留的作品。

[基本的制作方法]

　　吊起装饰，可利用墙面及各种空间。此时，铁丝、绳子、布料等材料不可或缺。只需改变长度，就能变换出丰富表情，协调感觉是关键。初学者不用锥子将干花穿入铁丝时，建议在半新鲜状态下穿入铁丝后干燥。

------------------ **Point** ------------------

● 使用铁丝或绳子等装饰，外观效果自然。

● 干燥状态下难以处理时，可以使用新鲜或半新鲜的植物。

● 吊起时，确认铁丝及绳子的强度，注意花卉材料的重量。

Materials

· 铁丝

· 花楸

01/

将铁丝折弯吊起叶子时，避免叶子落下。或者，也可用胶带固定。

02/

不用考虑穿入铁丝的位置及叶子的正反面，随意组合叶子，自由穿入表现出动感。

03/

叶子穿入完成后，均匀调节整体长度，制作成挂在墙壁及家具的环状。

—check!—

干燥的叶子
极具个性

　　叶子干燥后卷起或翻边，呈现出各种表情。褪色程度也各有不同，充满自然质感。如同本作品介绍的随意穿入铁丝，可以塑造出意想不到的表情。当然，如果刻意梳理整齐，也能感受到规律之美。

Arrange

只需改变叶子的颜色，印象瞬间改变。鸡麻的叶子和蜡瓣花的叶子组合一起穿入铁丝，即使同样的黯淡色调，仍然能够表现生动感。

Materials

· 铁丝
· 鸡麻的叶子
· 蜡瓣花的叶子

放入瓶中

沐浴着窗外射入的阳光，玻璃通透，就像
干花在空中自由生长。简单设计，却能感到花
朵的魅力。

Materials

· 玻璃瓶   · 黑莓
（从左至右）
· 毛茛、野胡萝卜、紫瓶
子草
· 景天的花

将干花如标本一般放入玻璃瓶中。景天、黑
莓等去掉枝叶，简单一枝。毛茛、野胡萝卜、紫瓶
子草等形状独特的植物组合一起，装饰表情更加
丰富。

乡村风

　　怀旧的钥匙及黄麻绳流苏等小物件，增添
乡村风。毛笔花、芦竹等蓬松轻盈质感的植
物，造型独特有趣。

Materials

· 怀旧的钥匙　　　· 桉树
· 黄麻绳　　　　　· 郁金香的种子
· 毛笔花　　　　　· 芦竹
· 银叶树

　　选择各种稍显怀旧风的褪色植物。花束随意
组合成喜欢的形状，前端用黄麻绳束紧。黄麻绳
稍稍留长，使整体更加均匀协调。最后处理，用
细麻绳系紧吊起怀旧的钥匙。

蝴蝶结

蝴蝶结形状的花束作为房间的挂饰。
纤维细的或韧性强的，各种类型的植物
交织在一起。

花卉材料左右展开束紧成蝴蝶结形状。蝴蝶结
的正中央用大花装饰，成为装饰亮点。麻绳系紧固定，
麻绳外面用布料缠绕装饰。并不是将相同花束材料一
并束紧，而是分开几处，更显动感。

放入鸟笼

鸟笼中花朵盛开，呈现一个封闭小世界。
笼中鸟的姿态和干花的梦幻氛围交相辉映，迸
发出幻想的灵感。

· 鸟笼
· 玫瑰
· 非洲天门冬
· 美洲商陆

铁艺鸟笼的底部先用绿色植物铺垫，再放上花
卉。只需花头或一枝花，对应鸟笼大小将植物分成小
份。摆放花卉时呈现出高低层次感，犹如波浪般。

活动雕塑

　　苹果、橙子的切片，还有玫瑰、美洲商陆
等，构成一幅画卷。挂在窗边，同远处的风景
一起欣赏。

Materials

- 绳子
- 玫瑰
- 非洲天门冬
- 苹果切片
- 橙子切片
- 美洲商陆

How to

01 /

无法打结固定的植物用较粗的针戳出孔，制作绳子穿孔。

02 /

穿入绳子，紧紧打结固定。干燥状态下可能会开裂，建议在稍稍柔软状态下制作。

03 /

有枝节的植物则挂在枝节上，用绳子缠绕3次左右打结。

04 /

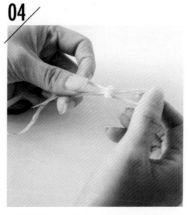

共制作2束，最后组合一起打结。端部系紧成蝴蝶结状。

耳坠

制作在耳旁随风摆动的耳坠。干燥的齿
叶溲疏和细铁丝描绘出的华丽线条，表现出自
然且柔美的姿态。

Materials

·铁丝

·耳坠挂钩

·齿叶溲疏

How to

01

铁丝先沿着齿叶溲疏的枝条部分，接着从上方缠绕。

02

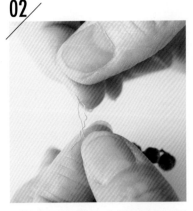

制作成挂在耳坠上的环。如果铁丝较粗，可以使用钳子。

03

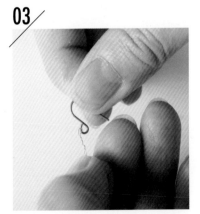

将铁丝穿入耳坠挂钩。不使用圆环，仅挂住铁丝就能轻松完成。

04

可轻易拆卸，随意根据季节更换干花的种类，妙趣横生。

056

Cutting

插

　　一枝花或插入容器中呈现立体感，将植物原本的形状塑造成作品的大多使用"插"。简单轻松完成的方法，不仅可以插入花瓶中，还能作为标本及小装饰，呈现各种装饰效果。绝妙的协调感觉和灵感是作品的关键。

两枝花的美感

陶艺家精心制作的器皿中，分别放入一枝
栎叶绣球和鸡麻。体积大的绣球和带角度感
的鸡麻组合出动感效果。

[基本的制作方法]

　　花插入花瓶时，对应容器修剪根茎及枝叶的长度。容器、枝叶、花的对比协调非常重要。而且，容器本身也要搭配，口窄且体长的容器适合细长伸展的植物。相反，口宽且较矮的容器适合体积大且横向展开的植物，两枝以上组合搭配出协调感。

---------------------------| *Point* |-------------------------

- 一枝花或使用花瓶，装饰方式多样。
- 插入花瓶时，容器、枝叶、花的对比协调非常重要。
- 口窄且体长的容器适合细长伸展的植物，口宽且较矮的容器适合体积大且横向展开的植物。

059

Materials

· 花瓶

· 鸡麻

· 栎叶绣球

01

将主要装饰物栎叶绣球插入花瓶中，枝叶从花瓶中稍稍伸出为宜。

02

增添色彩的鸡麻，长度对齐栎叶绣球修剪。

---

check!

长度调节

　　将两枝以上的植物插入花瓶时，调节植物间的长度较困难。如果随意插入，可能枝叶分离，或长度不足。此时，束紧成最佳状态后，在花瓶中隐蔽位置用橡皮筋或铁丝捆绑固定。再插入花瓶中，就能轻易完成理想的造型。

Arrange

一枝花带着花蕾或个性的果实，如同画中般。无多余的修饰，充满艺术气质。花茎短且不稳定时，用铁丝或胶带，在隐藏部分增加长度的手法。

Materials

· 花瓶
· 莲花

061

凸显山荷花的蓝色果实，正是向四周展开的叶子。褪色程度正好的叶子和被其包裹的小果实搭配出协调。带有细枝的植物如果仅插入一枝，难免给人单调的印象。利用空间，自由呈现叶子的丰韵感，使作品更显灵动。

Materials

· 花瓶
· 山荷花

3 种排列组合

将喜欢的花瓶排列一起，再用合适的干花装饰。时尚的金槌花、浓密的绣球花、优雅的星辰花，风格不同的花组合搭配

Materials

·花瓶   ·星辰花

（从左至右）

·金槌花

·绣球花

金槌花有笔直的，也有弯曲的。绣球花头重、不稳定，铁丝固定伸开枝叶，并支撑在花瓶中。对应花瓶大小，修剪并插入星辰花。三个花瓶排列时，注意相互协调。

高度的魅惑

旧的酒瓶中丝丝立起的芒草和孤傲直立的高砂百合果实，垂直向上生长的姿态甚是优美，两种植物组合，感觉到孤傲高冷的作品。

Materials

酒瓶
高砂百合果实
芒草

芒草呈现出各种形态，组合成一束，前端用松紧带缠上固定。配合完成的形态，将高砂百合果实放入酒瓶中。搭配酒瓶的独特情调，最好选择时尚且独特的花卉材料。

如标本般

课题为"森林的遗失物"。在迷人的森林中发现各种奇妙的植物，收集作为标本。充满幻想的故事情节构成的作品，每个植物下面加上标签，注重细节。

Materials

· 展示框
· 铁丝
[第一排从左至右]
· 郁金香花头
· 山龙眼
· 睡莲
· 球果

[第二排从左至右]
· 干水果
· 蜘蛛胶头
· 哈克木
· 郁金香
[第三排从左至右]
· 郁金香
· 山龙眼

· 郁金香
· 坚果
[第四排从左至右]
· 水果干
· 郁金香
· 哈克木
· 石果

准备展示框，内面涂成黑色接着，用铁丝穿起树木的果实等，均匀布置。摆放于展示框时，按果实大小排列。并且，植物应在充分干燥后使用。

栩栩如生

枝叶伸向四周的绣球花，插入时保持植物本身的动态美感，给人自由奔放的印象。再用荞麦壳代替土壤，个性且环保。

Materials

· 玻璃花瓶 　　　　· 山龙眼
· 插花泥
· 荞麦壳
· 绣球花

玻璃花瓶中装入少量荞麦壳，上方放入插花泥。接着，装入剩余的荞麦壳，将插花泥隐约藏起，面向插花泥插入绣球花及山龙眼。长度等并不统一，随心是本作品的意境。最后，呈现出花及茎的动态感。

圆润可爱

以圆润的玩具甜瓜为主题，还有活灵活现的干花点缀。作为摆设，最适合装饰置物架、桌面、窗台等。

Materials

· 白桦的分株
· 玩具甜瓜
· 金槌花
· 小蓝刺头

小玩具甜瓜用锥子开孔，插入金槌花、小蓝刺头。玩具甜瓜容易滚动，开孔时应考虑摆放方式。如果成品后的玩具甜瓜滚动，可以用胶水等将其黏附于白桦分株的板面，这样就能轻易固定。

印象派作品

　　强调存在感，竖立在墙边的作品。花卉部分朝向正面依次插入，从任意角度观赏都有冲击感的大作。

　　所有花卉材料仅保留花头。插花泥修剪成木器相同形状及大小，用胶水紧固。接着，将花头插入插花泥，并埋入插花泥整体。插花泥修剪成木器相同形状，方便调节及造型。

满是绿色

做旧的金属花瓶搭配绿色的叶子，古雅风味的组合。对齐植物高度插入，可形成优美的曲线。

Materials

· 金属花瓶 　　　　· 斜盖菇
· 插花泥
· 玫瑰的叶子
· 日本吊钟

将插花泥修剪圆润，用胶水固定于金属花瓶中。均匀插入，使叶子散开。插入时，注意保持表面整齐圆润。叶子比金属花瓶体积稍大，更显精美。

插花手法

　　偶尔将干花插入冰冷的花瓶中也很有趣。
以绣球花为底，从上方插入植物，增姿添彩。
聚合各种植物的气质，塑造出分层色调。

▌*Materials*

· 花瓶　　　　· 臭山牛蒡
· 山绣球花　　· 倒地铃
· 秋色绣球花
· 柏叶绣球花

　　种类不同的绣球花从花瓶中溢出般，作为底座。
如同在绣球花之间插花般，均匀插入臭山牛蒡。最后
挂上容易碎裂的倒地铃，营造出柔和氛围。

如同花束般

花束插入插花泥中，如同色彩鲜艳的花
束般。朝上生长的植物，垂落的植物，细长藤
蔓植物，各种植物组合而成的动态美感

SORCERY DRESSING

Materials

· 插花泥
· 麻绳
· 长茎葡萄蕨藻的叶子
· 玫瑰
· 黑种草
· 绒花
· 西番莲藤蔓 2 枝

How to

01

插花泥及麻绳等制作底座的材料,可以从建材中心购得。

02

用长茎葡萄蕨藻的叶子缠绕遮住插花泥(圆柱形)的侧面,用麻绳紧紧固定。

03

中央插入一枝花,确定中心位置。之后,沿着边缘展开叶子,插入花。

04

藤蔓环绕插花泥。西番莲藤蔓等垂落植物最后插入,容易保持协调。

05

藤蔓的前端夹住枝节及分叉,直接插入固定于插花泥。

check!

步骤02可以是任何缠绕于插花泥侧面的植物。插花泥也可替换为玻璃杯等使用。

As a present

礼物

　　向某个重要的人赠送明信片或礼物时，或者参加婚礼时的礼物等，加上干花装饰，还能传递季节芬芳。花束等精细制作的礼物当然不错，但是简单的礼物也能产生不同凡响的效果。

　　例如，用漂亮的薄纸（包装纸）包装礼物，再用白粉藤的枝叶包住扎紧。接着，在其中心点缀一枝绣球花，更显心意的包装。此时，太干燥的白粉藤枝叶容易折断，最好在半干状态下使用，并小心打结。相比简单放入包装箱中，还能使自己更开心。

　　添加应季的花卉，这种感觉很棒。向对方传递季节的风情，通过小小干花将自己的心境一同带给对方，自己的内心也得到充分满足。

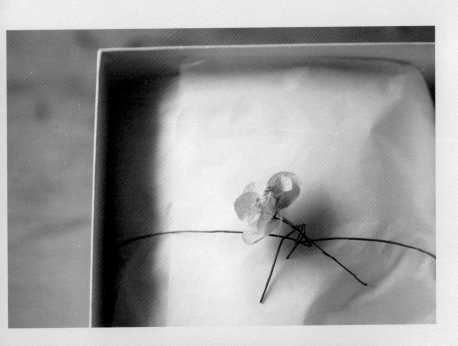

Tie up

捆

最常用的造型方法就是"捆"。其中，花
束最适合作为礼物或房间的点缀。根据植物
的种类、颜色、花瓶等，变换出各种表情，
或者仅调整数量，印象也会大为不同。挑选
自己喜欢的植物，改变捆扎方式，尝试独创
设计的作品。

自然

　　齿叶溲疏、倒地铃、奥勒冈等纤细植物，给人蓬松柔软印象。再用一枝紫兰点缀，妙趣横生的设计。

[基本的制作方法]

　　如果是鲜花，会将许多种类不同的花卉散开捆扎一起。但是，干花经过干燥之后，茎部比原来细很多，散开之后显得单薄。外形简单的植物，分种类捆扎一起，起到增强印象的效果。捆扎时使用丝带或麻绳，小物品也要用心。

| **Point** |

- 按种类组合干花，强调体量及存在感。
- 各种花卉材料捆扎一起时，选择颜色及外形独特的种类，增添设计感。
- 丝带及麻绳等捆扎材料也是装饰要素。

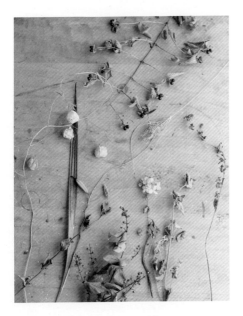

| **Materials** |

· 麻布
· 铁丝
· 鸡麻
· 齿叶溲疏
· 倒地铃
· 奥勒冈
· 黄颖莎草

How to

01

将塑造曲线的植物放在最下方，制作瀑布花束（如水流般的花束）。

078

02

添加一枝紫兰作为点缀，增姿添彩。

03

调节植物的长度等，用铁丝缠绕扎住前端。此时，将多余的茎部修剪齐。

04

用布料包住铁丝外层，并随意打结。也可试着使用丝带来捆扎。

鲜艳的花束材料

许多鲜艳的花朵在干燥之后仍然保留优美的色调。恰到好处的褪色程度，黄色和粉色的诱人搭配。

Materials

· 纸　　　　　· 青葙
· 丝带　　　　· 凤尾草
· 玫瑰
· 补血草

选择一枝前端展开的花枝，以其为中心依次将其他花捆扎。不时改变角度，确保每个角度均匀布置。用纸包住，加上丝带。或者减少色调，设计成适合送给男士的风格。

自然品味

　　日本桃叶珊瑚、桉树等枝叶宽大的植物
制作成花束，再加上蓬松且通透的禾草，使
花束感觉更温馨

Materials

· 麻绳
· 桉树叶
· 禾草
· 日本桃叶珊瑚

　　将桉树叶、禾草、日本桃叶珊瑚随意捆扎，再用
麻绳打结即可。为了达到自然印象，盛放的花瓶也选
择天然素材。统一使用绿色时，可变换叶子的种类以
增添动感，有限的颜色也能体验变化的乐趣。

强调花的个性

将各种个性独特的花卉捆成一束。使用葵花盘、桉树果实等组合而成，各种角度都会独具特色。

Materials

· 环形支架   · 蓝刺头
· 绣球花   · 桉树叶
· 新娘花
· 葵花盘

绣球花、葵花盘等体积较大的植物先组合为底座，再将其他植物捆扎。强调形状的植物最后添加，可保持整体均匀。最后插入怀旧风的环形支架中，作品完成。

展现花的表情

放倒捆扎的各种花卉，依附花瓶的自然形态。一枝一枝如图绘画般，虽然数量不多，却展现出花及果实的本色之美。容易走形、摆放时应注意。

Materials

· 旧布
· 花瓶
· 石榴
· 千穗谷
· 臭山牛蒡

将石榴、千穗谷、臭山牛蒡捆扎一起，用旧布在底部打结固定。放入盘子时，呈现出各种表情，垂落或柔软的植物最先布置，花与花重叠时容易制作造型。

自由捆扎

　　多种干花自由捆扎，制作成花束。增补喜欢的花束，塑造形状。种类相同的植物分散开，尽可能避免过规整感。

· 麻绳　　　　· 袋鼠爪
· 玫瑰　　　　· 结香
· 崔雀　　　　· 狗尾草
· 青葙

　　捆扎花卉材料，用麻绳在相应位置系紧固定。花的位置等不用太刻意，自由捆扎是关键。但是，枝叶大的植物等最后布置，主要植物放在前面，根据自身感觉进行调整。从正面观察确认，制作成形。

加以点缀

　　深色的绣球花、银桦组合而成的花束，再用王瓜点缀。古雅中增添变化，更显自然的作品。

Materials

· 麻绳
· 王瓜
· 绣球花
· 银桦

　　绣球花和银桦制作成花束，再缠绕几枝王瓜的藤蔓。绣球花及银桦的茎部被麻绳系紧固定，即使将花束竖直拿起，缠绕上的王瓜藤蔓也不会倒下，形状稳定。此时，用附近的花卉材料遮挡麻绳。

礼物装饰

自然、纤细的山薄荷花束。没有鲜艳的色彩及华丽的外表，只有一种纯天然的质感。

Materials

· 纸
· 铁丝
· 布
· 山薄荷

How to

01

用金色的铁丝束紧山薄荷，修剪底部多余部分。

02

用硫酸纸包住山薄荷花束，纸质也能表现一种淳朴质感。

03

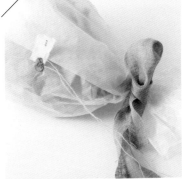

单侧系蝴蝶结。图中使用 怀旧风的布料，可用丝带代替。

04

加上标签或卡片等，塑造自己设计的风格。

小花束

　　使用桉树叶、绣球花的一部分，精致可爱
的小花束。再用一根复古的长针固定，丰富感
官世界。

Materials

· 绣球花
· 木片
· 桉树叶

How to

01

如同缝制衣物般，将铁丝穿入叶子。选择细且坚固的铁丝，避免对植物造成过重负担。

02
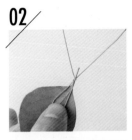

铁丝对折，铁丝的一端缠绕于另一端铁丝和叶片的茎部。

03

对于绣球花等枝杈分开的植物，将铁丝穿入枝杈之间，按02同样固定。

04

对于桉树果实等带枝节的植物，将铁丝挂住枝节固定。

05

01~04的完成形态。铁丝固定后角度自由，长度也能增加。

06

以绣球花等体积较大的植物为中心，其他植物材料环绕四周。

089

07

确定固定位置后，以绣球花的茎为轴缠绕铁丝以固定。

08

捆扎完成的花卉四周用桉树叶围住，整体修补组合。

09

最后加上的桉树叶用铁丝整齐缠绕于花束轴。

Lease

花环

各种花草编织而成的精美花环，皆为基本的圆形，通过搭配实现多姿多彩的表情。介绍了各种藤蔓折弯的简单造型或大体形花卉为主的动感造型的作品。可以挂在墙面或放在花瓶中，作为家中摆设。

打结成环状

　　芒草折成圆环，并用果实及藤蔓装饰的小花环。不需要多余工具，轻松就能制作完成。作为礼物的装饰，贴心实用。

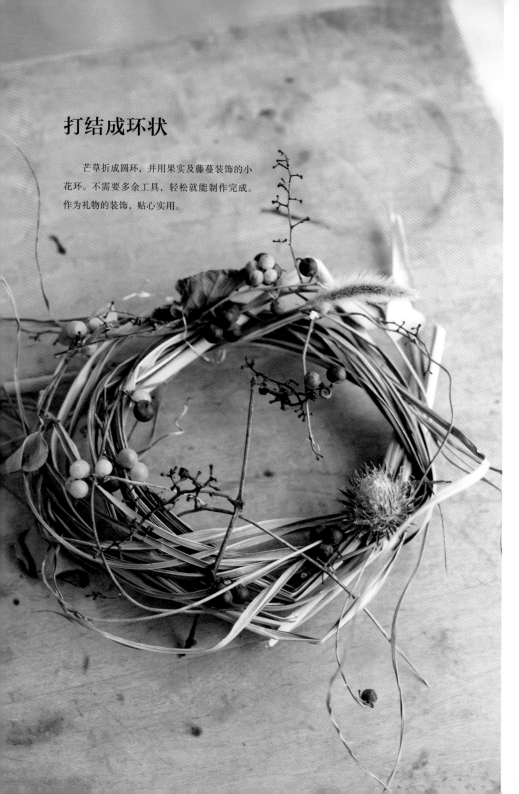

[基本的制作方法]

　　花环制作成环状，作为底座。直接将花卉材料折弯，或者叶子一片一片接上制作成环状，或者在圆环状的插花泥上制作，方法多样。将花卉材料折弯时，鲜或半鲜状态最佳。如果直接干燥，可能导致走形。如果完全干燥，花卉材料处于非常容易开裂的状态，需要注意。

─────────────┤ **Point** ├─────────────

- 通过折弯、编织、插入等，精心制作底座。
- 直接将花卉材料折弯时，建议为半鲜状态。
- 花环的大小与花卉材料成比例，保持平衡。

Materials

- · 铁丝
- · 芒草
- · 木防己
- · 臭山牛蒡
- · 黄虾花

01 /

取2片芒草的叶子，手自然交叉制作成环状。

02 /

花环端部交叉打结。直接随意打结，即便叶子的形状稍有混乱。

03 /

果实及藤蔓缠绕于底座，较短的植物挂于底座的叶子之间。

04 /

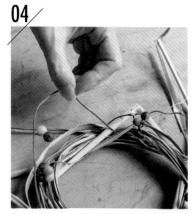

缠绕的藤蔓等保持新鲜状态，果实等也不易脱落，容易制作成形。

05

06

完全干燥的植物折弯时容易断，不用卷绕，直
接插入底座。

最后，将金色铁丝缠绕固定于芒草的打结部分，
以免花环松开。

check!

制作底座的
芒草叶

　　本作品的底座中使用芒草（2枝）。
芒草通常不作为花环的底座使用，但
折弯之后可以作为底座。用新鲜芒草
装饰只能存放3天左右，干燥状态可
长期保留。

细枝表现纤细感

将蓬松纤细的枝叶折弯作为花环，体验材料朴素质感。最后，用天然构成的丝带及标签作为点缀。

Materials

· 丝带或标签
· 时钟草
· 豆科

时钟草和豆科等藤蔓缠绕成花环状。缠绕完成的藤蔓末端插入缝隙中，使其隐藏。藤蔓不是单根，而是多根一起缠绕，随意塑造形状。加上天然素材的丝带及标签，作为点缀。

橄榄枝作为底座

纤长枝叶和暗色调的橄榄枝中，散布着鲁冰花、大丁草等白色、橙色、黄色的花，造型优美的作品。

橄榄枝干燥后叶子及枝叶容易断，应在半新鲜状态时折弯成花环，待其干燥后制作底座。加入其他花卉材料同样容易折断，应仔细操作。插入叶片之间，增加花卉材料。

粗犷组合

　　主要选择颜色深的植物，塑造风格成熟的花环。粗度不同的藤蔓及茎叶多条重合折叠，随机组合而成，表现出粗犷的风格。

Materials

· 铁丝	· 倒地铃
· 芒草	· 矢车菊
· 柠檬草	· 吊钟花
· 山胡椒	· 莲花
· 薄荷	· 蕾丝花

制作由枝叶及藤蔓构成的花环底座，用铁丝固定接合处。考虑整体协调，插入矢车菊、薄荷、吊钟花等花卉材料。拿起底座时，如果插入的花晃动，可以用铁丝固定。使用细铁丝，可以不用遮挡，还能成为点缀。

视觉冲击感的大花

　　制作大花环时，大胆使用花卉材料。带球根的观赏葱、枯木等有趣造型，还有绣球花、石头花、含羞草等形状独特的植物，体验自由搭配的乐趣。

Materials

·麻绳	·含羞草	·狼尾草
·铁丝	·空气凤梨	·变种绣球花
·垂柳	·纸莎草	·棕榈果实
·绣球花	·石头花	·圣诞玫瑰
·铁线莲	·枯木	
·带球根的观赏葱	·黄栌	

　　用垂柳制作底座，从尺寸较大的花卉材料开始依次用铁丝固定。最后固定作为点缀的石头花、观赏葱等，用麻绳拴紧。倾斜布置植物，更显动感。

苔藓的变化

想制作一个与众不同的花环时，可以尝试一下苔藓花环。圆润的体型和苔藓的质感交相辉映，经久耐看的作品。

Materials

· 花环插花泥
· U形针
· 苔藓

将苔藓贴合于花形插花泥，用U形针固定。将苔藓均匀布置，避免出现凹凸不平或缝隙中看到插花泥。而且，还能体验苔藓从新鲜含水的状态至干燥状态的过程。

沿着花形布置

　　以金黄色的千穗谷为主的花环，沿着花形
自然布置成圆形。花及叶子都具有装饰感，搭
配单纯的背景则更显突出。

Materials

· 铁丝
· 千穗谷
· 木藜芦

　　取5或6枝千穗谷，两端重合成花环状。中间如
有看似松散走形的部分，用铁丝等捆扎。为了表现千
穗谷的装饰效果，花穗部分均朝着同一方向布置。关
键部分夹入木藜芦点缀，简单即成。

紧密重合

将小桉树叶一片一片对齐重合，制作纤细的花环。紧密贴合的叶子微妙差异，表情丰富。

Materials

铁丝
桉树叶

How to

01/

将桉树叶逐片撕下，尺寸不同，更显动感。

02/

铁丝穿入叶子中央，建议使用坚固且能够保持圆形的铁丝。

03/

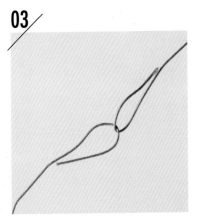

叶子全部穿入后，铁丝端部折弯连接另一端，制作成花环状。

04/

除了桉树叶，还可以使用银杏叶、枫叶等，使用应季的叶子，表现出季节感。

优雅的世界

果实、花卉等各种圆洞形状植物构成的花环。各处加入浅粉色，演绎出女性柔美印象。制作方法也简单，仅需贴合。

Materials

· 花环底座
· 绳子
· 新娘花
· 红胡椒
· 桉树的果实
· 黑种草的果实
· 针叶树的叶子
· 千日红

How to

01

准备作为底座的花环。可以直接购买，或者自己将鲜花干燥后使用。

02

用吊起花环所需绳子紧紧打结固定。

03

绳子再次打结，在其外侧制作线环，方便挂在墙壁。

04

用胶水贴合植物零件。分种类贴合，可均匀分布。

05

一种植物零件贴合完成后，在其之间贴合其他植物零件。

06

靠近墙面部分是否贴植物随意。但是，单侧贴时，避免露出花环底座。

Other

自由制作

　　介绍通过贴合、摆放等轻松方法，将干花组合塑造成形的各种自由创意。制作时不拘泥于常识，可以发现干花的新趣味，拓宽自己的设计思路。

装饰杯子底部

杯子底部映出的花朵是彩色的三色堇干花。水中映射出的花朵姿态，在透明的玻璃杯中更显鲜艳。随着光线反射，花朵颜色尤其美。

Materials

·玻璃杯
·防水胶带
·三色堇

杯子倒扣，将三色堇放在杯底，用防水胶带贴紧。防水胶带对齐杯底形状裁剪，紧紧贴合防止空气进入。颜色及种类不同的干花搭配组合，体验自由设计的乐趣。

如挂毯般

　　搭配英文书，如挂毯般装饰墙面。旧纸和干花，色调及质感都很和谐。贴上干花，赋予动感。

　　旧书一页一页剪下，用胶水将干花及叶子贴在书页上（也可用透明胶带）。贴合时，注意干花的形态。还能贴在书页的两面，用绳子吊起作为挂饰。

放在篮子里

干花随意放在篮子中就是一幅画。仔细搭配的作品固然精致，将各种喜欢的植物随意摆放也不错。

·篮子　　　　·倒地铃
·纸或布　　　·粗齿绣球花
·鸡麻　　　　·薄荷
·齿叶溲疏　　·细叶芒

篮子中铺上薄的纸或布，随意放入喜欢的干花。干花的长度对应篮子大小，会显得更整齐。相同方向对齐，或不拘泥细节，随意放在篮子中同样漂亮。

装在花瓶中

紫红色的青葙、千穗谷等装在仿古的花瓶中。深藏韵味的色调中感受到的成熟品位，各种花卉的独特造型中迸发的奇妙魅力。

Materials

·花瓶	·千穗谷
·玫瑰	·金合欢
·青葙	·五角枫
·山牛蒡	·百日菊

先将体积较大的青葙、金合欢放入花瓶中，再插入玫瑰、千穗谷、山牛蒡等增添色彩。放入多种花卉时，注意整体的协调及融合。

饰物

　　绝无仅有的特别饰物，用干花制作的戒指及手环，趣味多多。用细铁丝精细处理，使手臂更显柔美。

Materials

[手链]　　　　　[戒指]

·铁丝　　　　　·铁丝

·山牛蒡的果实　·鸡麻的果实

　　手链：将山牛蒡的果实逐个穿入金色铁丝中，达到手腕长度后两端扭紧即可。铁丝难以穿入时，先用针开孔。戒指：对应手指粗细，用金色铁丝缠绕制作底座，最后将鸡麻的果实固定于底座。

装饰墙面

　　桉树叶逐个仔细重叠而成，具有强烈冲击感的艺术作品。紧凑对齐方向排列的叶子，感觉像是被磁铁吸引般，体验精妙之美。

Materials

· 底座
· 桉树叶

　　准备所需形状的底座（浅花瓶），从边缘至中央用胶水粘贴桉树叶。叶子并不是一层，而是二层或三层，增添韵味及层次感。所以，叶子必须每片仔细粘贴，是作品成功的关键。

礼物的配饰

　　礼物包装完成，加上干花更完美。如果蝴蝶结显得单调，可以加上2、3种植物配饰。沿着包装盒的形状，协调插入植物。

Materials

· 蝴蝶结　　　　· 毛笔花
· 丝带
· 臭山牛蒡
· 大凌风草

　　将臭山牛蒡、大凌风草、毛笔花均匀布置于包装盒，并用胶带固定。绑上丝带，系上蝴蝶结固定干花，剩下的就是微调位置。选择干花时注意配合包装盒表面的形状，避免选得太大。

格调

"森林妖精"为主题，用星球花代替海芒果种子发出的芽，营造出森林中悄然生息的神秘氛围。

Materials

· 铁丝　　　　· 黄栌
· 土
· 海芒果
· 星球花

用铁丝将星球花固定于海芒果的头部，再用黄栌轻轻包住。海芒果撒上土，更显天然。种子圆润容易滚动，可以调节下方铺设的黄栌，保持种子立起。

小花束

简直就像小孩制作的小花束。细小零件
组合而成的精致艺术，惹人怜爱的印象。

Materials

· 带环的别针
· 铁丝
· 板
· 植物碎片

将带环的别针粘在板上，植物碎片插入环中。此
时，按制作花束的感觉依次插入植物碎片。每个零件
体积较小，难以操作的位置使用镊子调整。

一枝独秀

使用烛台和玻璃管，制作原生态的一枝花。根据周围插入的干花的颜色及形态，能够设计出各种表情。

· 烛台　　　　· 刺芹
· 玻璃管　　　· 鱼尾菊
· 插花泥　　　· 玫瑰
· 冰岛海苔　　· 金光菊
· 青葙　　　　· 铁线莲的种子
· 金盏花

将插花泥放入烛台，再放入冰岛海苔盖住插花泥。插花泥直接用胶水固定，玻璃管放入插花泥正中央，同样用胶水固定。最后，均匀插入花卉材料，并用胶水固定。

夹子

用干花简单点缀的夹子，可用于"夹住纸张"、"礼物的配件"等。最适合需要增添优雅、柔美印象时使用。

Materials

· 夹子
· 玫瑰
· 蓝刺头
· 桉树叶

用胶水将玫瑰、蓝刺头粘贴于木夹子，轻松即成。桉树叶选较小的，搭配花卉更显美观。粘贴到夹子的手持部分则影响实用性，应注意。

仿真

酒椰果汇集一起，仿佛是其他植物一般。
稍显单调，但果实有其惹人注意的天然特质。

Materials

· 麻绳
· 酒椰果

将酒椰果一粒一粒粘在麻绳上。将其系紧成一
体，组合成一定形状后，边调节麻绳的长度边整理形
状。360° 观察确认整体均匀，仔细制作成形，就能
创作出极具装饰性的作品。

干花重叠造型

用干花及邮票装饰出明信片的感觉，绘图纸通透映现的英文书和造型优美的干花，相互映衬之美

Materials

邮票	纸	·胶带	·三色堇
英文书	绘图纸	·玫瑰	·蔚萝的花

How to

压平的干花，最适合重叠造型。贴合布置前，考虑整体构思图案。

英文书喷胶后粘贴于纸上，

莳萝的花的茎部细长、易折断，需要用胶带等固定。

重合绘图纸，确定花卉材料及邮票的位置。

同莳萝一样，花卉材料也用胶带固定。将胶带剪窄，显得更美观。

用喷胶固定邮票等纸类。可以作为礼物的信息卡片等。

小巧造型

如同圆形饰品的体型和千日红的浅粉色调，塑造出可爱气质的作品。放在置物架上，作为造型装饰。

Materials

· 球体发泡聚乙烯
· 铁丝
· 丝带
· 千日红

How to

01

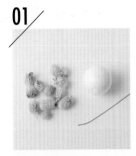

球体发泡苯乙烯可从市场直接购得。铁丝所需长度比球体的直径稍长。

02

铁丝插入球体中央后折弯成U字形，防止脱落。

03

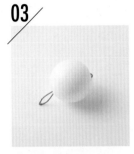

铁丝的另一端制作成环状，用于之后挂丝带及绳子。

04

用胶水粘贴千日红。从上方开始填充粘贴，整体均匀。

05

加上蝴蝶结后完成。也可使用绳子、布等不同材料，改变风格。

06

粘贴的花大小统一，可制作成整齐的球状。大小不同，则别有一番趣味。

特色烛台

简单的烛台，用英文书和干花加以点缀。
搭配绣球花等色彩鲜艳的花，或者改变烛台
的颜色等，变换出各种风格。

Materials

- 橡皮筋
- 烛台
- 英文书或英文报纸
- 皮革绳
- 绣球花
- 蓝刺头

How to

01

将英文书剪成比烛台稍短尺寸，
并缠绕于烛台。

02

用橡皮筋固定2~3处，防止英文
书松脱。

03

将绣球花随意插入橡皮筋和烛
台之间。

04

外侧缠绕皮革绳，系成结头或蝴
蝶结固定。不规则缠绕是关键。

05

仅将英文书和皮革绳之间的橡
皮筋剪断，抽出。

06

调整绣球花及皮革绳的位置，
完成。

Column

Another day

干花的创意

126

　　鲜花时能够观赏到水润鲜活的姿态，之后还能感受脱水及自然干燥的过程。体会时间给植物带来的变化，这也是干花的乐趣之一。从生机勃勃的状态到水分逐渐散失，叶子及花的形状时刻变化，体会植物的各种表情。随着水分的散失，植物的颜色变得更深，花瓣随之翻卷，各种奇妙变化呈现眼前。或者，将鲜花状态制作的花束或花环等直接制作干花，也是一种创意。干燥状态无法实现的形状设计，在新鲜状态制作完成之后，也能保持至变为干花。需要制作某种形态时，新鲜的植物容易弯曲，形状容易改变，且能够保持优美状态。相反的，使干燥后的花卉材料成为作品时，正因为难以变形，所以同样难以塑形。如果从干燥状态开始创作，建议仔细考虑作品的形态设计。

Contents

3

About the shop
花艺师们的店铺和
工作室介绍

本篇介绍各种店铺和工作室，其中
包含通过书中学到的"塞""吊""插"
"捆""花环""自由制作"的方法制作的
精美作品，既有个性丰富的设计，也有平
日常见的造型，内含各种不同的世界观及
艺术观。

doux.ce

温暖的阳光从窗边落入工作室。各种应季花卉生长的空间，饱含温馨。工作室每月召开一次"花乐会"，交流应季花卉的培育方法、装饰方法及花瓶选择等。作为开放工作室，除了承担礼品推荐及婚庆等业务，还涉及花、人及空间的创意设计。

网址 : http://doux-ce.com

[本书设计作品] 028 / 033 / 034 / 044 / 054 / 058 / 063 / 069 / 073 / 076 / 083 / 086 / 092 / 096 / 098 / 101 / 110 / 111 / 112 / 126
stylist : Akiko Kojima

DÉCORATION DE FLEURS
atelier cabane

让人联想到法国的古董店，优雅且怀旧的氛围。干花及动物皮
革制作的物品也能成为装饰，每个人来到这里都会充满好奇心。本店
业务涉及个性花束、装饰制作、工作室及个人展出需求等定制产品。

网址：http://www.atelier-cabane.net

[本书设计作品] 封面 / 032 / 038 / 048 / 051 / 052 / 062 / 080 / 097 / 114 / 120

SORCERY DRESSING

打开门，眼前便是四季的花卉，新鲜且色彩丰富。根据季节及品种，严格选择产地及生产商，追究极致。各种原生态的植物汇集在店内，一定会有许多新发现。如同其"sorcery=魔法"及"dressing=设计、维护、装饰"的店名，致力于追求独创的个性作品。

网址：http://www.sorcery-dressing.com/home.html

[本书设计作品] 036 / 050 / 065 / 067 / 068 / 070 / 084 / 085 / 099 / 117 / 122

灰狼 + 花店 西别府商店

　　俄罗斯、日本的"旧物"和"植物·鲜花"等反差要素共存的店铺。如同童话故事的各种作品，感觉自己置身于另外一个世纪。充满想象力，每个人都能找到自己特有的幻境。而且，花瓶等也有几件真正的古董。在这里，往往会被植物特有的可能性所魅惑。

网址 :http://haiiro-ookami.com

Jardin nostalgique

应季的植物、国外的古董及手工点心，一间充满怀旧及浪漫氛围的店铺。店内的沙龙空间定期召开设计交流课，聚集人气。时间宽裕时，一边品尝着美味茶饮，一边交流花卉心得。

网址：http://www.jarnos.jp

[本书设计作品] 037 / 040 / 049 / 066 / 081 / 104 / 108 / 109 / 118 / 124

来到店内的瞬间，

眼前充满感动。

使来访的人充满幸福感，

充溢着积极向上的能量。

你也务必来此一回，

追究新的发现。

与各种独一无二的店铺和出色的创意

不期而遇。

Epilogue
后记

插入花瓶，放入盘子，吊上架子。

先结合自身的生活环境，想象干花的布置。

映入眼帘的花卉，说不定能够缓解压力。
或者，使寂寞的空间变得精彩。
或者，赠给某人，留下思念。

通过干花装饰，希望给您的生活增姿添彩。

Life Filled with Flowers.

DRY FLOWER NO KAZARIKATA

Copyright © SEIBUNDO SHINKOSHA PUBLISHING CO., LTD. 2015

Originally published in Japan in 2015 by SEIBUNDO SHINKOSHA PUBLISHING CO., LTD., TOKYO,

Chinese (Simplified Character Only) translation rights arranged with

SEIBUNDO SHINKOSHA PUBLISHING CO., LTD.,TOKYO,

through TOHAN CORPORATION, TOKYO, and ShinWon Agency Co,Beijing Representative Office, Beijing Simplified Chinese translation copyright © 2018 by Chemical Industry Press

本书中文简体字版由诚文堂新光社授权化学工业出版社独家出版发行。

本版本仅限在中国内地（不包括中国台湾地区和香港、澳门特别行政区）销售，不得销往中国以外的其他地区。未经许可，不得以任何方式复制或抄袭本书的任何部分，违者必究。

北京市版权局著作权合同登记号：01-2017-3579

图书在版编目（CIP）数据

让房间更美的干花花艺／日本诚文堂新光社编著；裴丽，陈新平译. —北京：化学工业出版社，2018.4（2019.8 重印）

ISBN 978-7-122-31651-6

Ⅰ．①让…　Ⅱ．①日…　②裴…　③陈…　Ⅲ．①干燥-花卉-装饰美术　Ⅳ．①TS938.99②J535.1

中国版本图书馆CIP数据核字（2018）第041285号

责任编辑：高　雅　　　　　　　装帧设计：刘丽华
责任校对：王素芹

出版发行：化学工业出版社（北京市东城区青年湖南街 13 号　邮政编码 100011）
印　　装：北京新华印刷有限公司
880mm×1230mm 1/32　印张 4¹/₂　字数 300 千字　2019 年 8 月北京第 1 版第 2 次印刷

购书咨询：010-64518888　售后服务：010-64518899
网　　址：http://www.cip.com.cn
凡购买本书，如有缺损质量问题，本社销售中心负责调换。

定　价：59.00 元